A. Sai Suneel
T. Mounika
V. Saraswathi Bai

Sistema Cooperativo de Rádio Cognitivo Baseado na Detecção do Espectro

A. Sai Suneel

T. Mounika

V. Saraswathi Bai

Sistema Cooperativo de Rádio Cognitivo Baseado na Detecção do Espectro

5G Comunicações

Imprint

Any brand names and product names mentioned in this book are subject to trademark, brand or patent protection and are trademarks or registered trademarks of their respective holders. The use of brand names, product names, common names, trade names, product descriptions etc. even without a particular marking in this work is in no way to be construed to mean that such names may be regarded as unrestricted in respect of trademark and brand protection legislation and could thus be used by anyone.

Cover image: www.ingimage.com

This book is a translation from the original published under ISBN 978-620-5-63042-6.

Publisher:
Sciencia Scripts
is a trademark of
Dodo Books Indian Ocean Ltd. and OmniScriptum S.R.L publishing group

120 High Road, East Finchley, London, N2 9ED, United Kingdom
Str. Armeneasca 28/1, office 1, Chisinau MD-2012, Republic of Moldova, Europe
Printed at: see last page
ISBN: 978-620-5-65952-6

RECONHECIMENTO

A satisfação e a euforia que acompanham a conclusão bem sucedida de qualquer tarefa estaria incompleta sem a menção das pessoas que fizeram dela uma possibilidade. É um privilégio expressar a minha gratidão e respeito a todos aqueles que me guiaram e inspiraram no decurso do trabalho do projecto.

Expresso um profundo sentido de gratidão e um sincero agradecimento ao nosso amado Director, **Prof. A. RAMAKRISHNA RAO,** por me ter motivado e fornecido as infra-estruturas necessárias para completar o projecto. Transmito os meus agradecimentos à Chefe do Departamento **Sra. K. PRASANTHI, Professora Assistente (sr)** pela sua ajuda e orientação atempada sempre que necessário.

Tenho imenso prazer em expressar a minha profunda gratidão e graças ao meu Guia **Sr. A. SAI SUNEEL, Professor Assistente (sr),** Departamento de **ELECTRÓNICA E COMUNICAÇÃO ENGENHARIA** por estar ao meu lado durante todo o projecto.

Agradeço também a todos os membros do pessoal do Departamento da ECE pelo seu apoio. Também coloco em registo um agradecimento especial aos meus pais e amigos que estiveram comigo durante todo o curso do meu projecto.

T. MOUNIKA

(19MT8304)

ÍNDICE

ABSTRACT

No rádio cognitivo de 5G, o sinal primário do utilizador é mais activo graças à ampla banda de frequência. A detecção normal do espectro cooperativo só detecta uma característica do PU utilizando um tipo de detector. A rádio cognitiva (CR) surgiu como uma técnica promissora para o problema de escassez de espectro enfrentado por todas as administrações sem fios propostas tão recentemente. Na rede de rádio cognitiva (CRN) a detecção de espectro assume a parte principal e é considerada como uma parte básica da CR. O nó CR individual pode não dar resultados de detecção válidos devido à sombra e a problemas terminais secretos do canal de comunicação sem fios. Por conseguinte, para afectar estes problemas, é proposta a implementação durante este artigo de rádio cognitivo cooperativo baseado na detecção do espectro para comunicação 5G. No esquema de detecção cooperativa do espectro (CSS), cada CR sentirá individualmente o espectro e depois transferirá a sua decisão para um nó central também referido como centro de fusão (CF). Usando a probabilidade de detecção falhada (Pmd) e a probabilidade de falso alarme (Pfa) para reconhecer se a detecção do espectro é suficiente ou não, melhorar o desempenho usando Pfa. O resultado da simulação mostra o maior desempenho em comparação com a não cooperação.

CAPÍTULO 1

INTRODUÇÃO

CAPÍTULO 1

INTRODUÇÃO

1.1 Introdução aos Rádios Cognitivos

Com o rápido desenvolvimento da comunicação sem fios, o período final toma visível uma quantidade intensiva da crescente procura de variedades de rádio sem fios. O apoio a concursos, melhorias, financiamento e procedimentos no espectro radioeléctrico é controlado pela Comissão Federal de Comunicações (FCC). A utilização da geração de rádio intelectual (CR) consome controlada pela FCC para não esquecer a elasticidade extra no costume de alcance acessível. No actual quadro do espectro, as bandas do espectro são atribuídas aos titulares aceites, também distinguidos como utilizadores principais (PUs), para grandes áreas demográficas, numa base de período alargado. Embora aqui esteja a utilização fracionária do espectro atribuído. Esta utilização incompetente do espectro necessita de procedimentos de acesso dinâmico ao espectro (DSA). O DSA permite aos clientes sem uma licença de espectro, referidos como utilizadores secundários (SUs), a utilização temporária da variedade licenciada vaga.

A precedência dos clientes deve ser importante na utilização do espectro; as unidades de produção devem atingir continuamente o período real, observando o intervalo permitido que pode ser utilizado. Na responsabilidade, o SU não deve, portanto, interromper a infecção interferente. As UD devem estar conscientes da recorrência das UPP. O método utilizado para detectar a ocorrência das UPP chama-se detecção do espectro. Existem numerosas estratégias de reconhecimento, juntamente com a detecção de energia, detecção de características cíclicas, filtro combinado, identificação central de acomodação e detecção cooperativa distributiva. Na variedade que detecta o SU continuamente detecta/exame o canal de comunicação para a ocorrência dos principais sinais no canal. Detectando mais tarde o espectro, os CR distribuem o alcance às UDs e as

UDs devem reconfigurar-se com a intenção n de utilizar o espectro recentemente atribuído. A ilustração em bloco do ciclo CR é apresentada na figura 1.1.

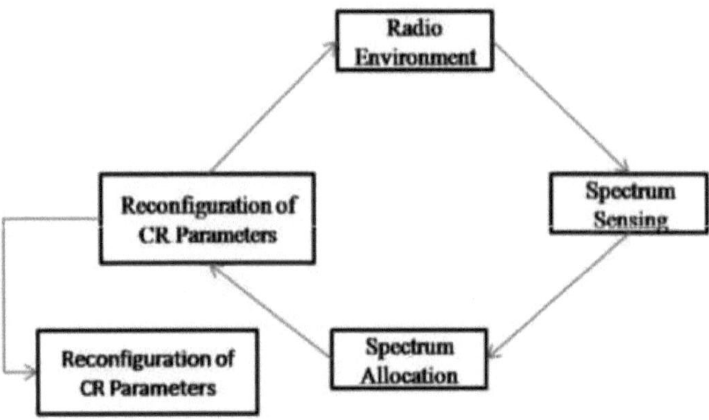

Figura 1.1: Ciclo de Rádio Cognitivo

1.2 Sistema de Rádio Cognitivo

Um rádio intelectual é um rádio intelectual que pode ser concebido e concebido de forma poderosa e personalizada. O seu aparelho destina-se a utilizar os grandes emissores longínquos da sua região. E, em particular, a rádio distingue certamente as direcções úteis em variedade distante, então, nesse momento, também modifica a sua comunicação ou os factores de resposta para licenciar maiores intercâmbios instantâneos de longa distância numa dada faixa de variedade numa determinada vizinhança. Este ciclo é um tipo de variedade dinâmica a bordo. Em ligeira das ordens do administrador, o motor de alta velocidade está pronto para arranjar barreiras de enquadramento de rádio. Essas limitações incorporam "forma de onda, convenção, recorrência de marcha, e administração de sistemas". Esta capacidade como unidade auto-suficiente dentro do clima de intercâmbio, trocando factos aproximadamente com o clima com os grupos a que recebe e rádios intelectuais únicos (CRs) e a sua função mostrada na figura 1.2. A rádio intelectual é uma programação de grau imoderado que caracteriza a rádio e que, por conseguinte, reconhece que abrange melhoramentos RF e ajusta astuciosamente os seus limites de jogging para criar alicerces no mesmo momento como desejos agradáveis do comprador. Considerando que as rádios intelectuais são tidas em consideração como clientes auxiliares para fazer uso da gama autorizada, um pré-requisito extensivo das empresas de rádio mental é que estas devem abusar eficientemente da variedade utilizada (indicada como outras liberdades mundiais) sem fazer obstrução volátil às UPPs. Além disso, as UPP não têm a determinação de propor e trocar os seus obstáculos operacionais para a transmissão de alcance às empresas de rádio mental.

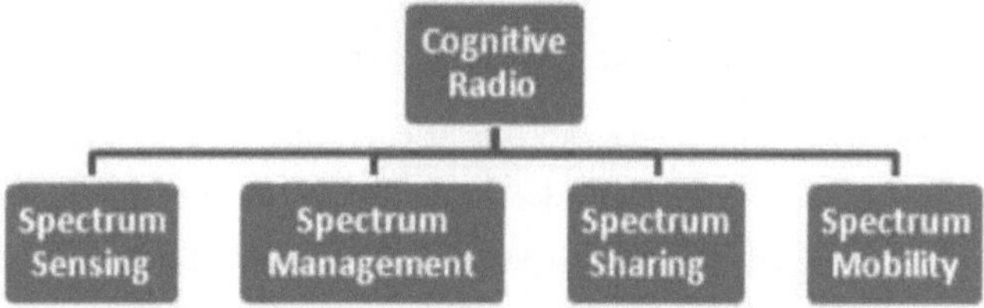

Figura 1.2: Principais Funções da Rádio Cognitiva

1.3 Funções Cognitivas de Rádio

* **Detecção do Espectro: De modo a** não interferir com os buracos de variedade (bandas não presentes utilizadas pelas UPP) querem ser detectados. O procedimento de detecção de PU é o método máximo eficaz nesta admiração. Os métodos de detecção de variedades estão essencialmente separados em três grupos, que são o reconhecimento de transmissores, a detecção cooperativa e o reconhecimento de interferências no solo.

* **Gestão do Espectro:** Há um desejo de aprisionar o maior espectro acessível para satisfazer os requisitos de declaração do utilizador. Os CR devem escolher na melhor faixa de variedade para ver as necessidades de excelência de serviço em relação a todas as faixas de variedade. O objectivo da organização é categorizado como análise de gama e reconhecimento de gama.

- **Partilha de Espectro:** É da máxima importância oferecer um procedimento de arranjo de variedade razoável. É também único dos melhores concursos vitais na utilização do espectro aberto. Nos métodos predominantes, concorda com as actuais falhas MAC.

- **Variedade Mobilidade:** A situação é o procedimento onde quer que num cliente CR se ligue a ocorrência do procedimento. O seu objectivo é utilizar a variedade de forma dinâmica, permitindo às estações de rádio controlar na melhor banda de incidência obtida. A modificação de uma variedade melhorada precisa de ser sem problemas.

1.4 Características de Rádio Cognitivo

Certas características da rede CR são como inquéritos:

- **Sensoriamento do ambiente de operação:** Controlo de CRs em ambientes multidimensionais que podem consistir em emissores cooperativos ou não cooperativos que se podem ligar e desligar, ajustando-se a modificações nativas, bem como a cargas de circulação que variam rapidamente. A fim de desempenhar correctamente a sua tarefa, uma CR necessita de modificação de acordo com o ambiente em alteração e deve ser capaz de informar estratégias adicionais no sistema no que diz respeito à disposição alterada.

- **Línguas estatais operacionais:** As línguas do estado operativo são utilizadas para a distribuição de dados num sistema CR. Como citado para além da CR deve notificar as suas situações e esclarecimentos aos diferentes nós da sua rede. A língua que os CR utilizam para esta determinação é denominada língua do estado operacional. Os dados que um CR mostra força é uma lista de todos os emissores que ele detectou recentemente.

- **Gestão Distribuída de Recursos:** O espectro de radiofrequências é um recurso disperso. Por conseguinte, a utilização de uma banda do espectro em local único torna-o inacessível em qualquer outro lugar. Por conseguinte, a distribuição dos recursos do espectro tem de ser terminada de forma estável. Tinham sido desenvolvidos diferentes algoritmos para controlar a partilha e a gestão do espectro disperso e dos recursos baseados em cargas de tráfego.

1.5 Arquitectura da Rádio Intelectual

Um sistema de rádio intelectual inclui sistemas primários, bem como sistemas secundários. Uma rede principal inclui de UPPs simples ou extra e estações base simples ou extra principais. As PUs estão licenciadas para utilizar o espectro e são sincronizadas através da utilização das estações base primárias. As UPP comunicam entre todas as outras estações de base concluídas apenas. Normalmente as UPP, para além das estações-base primárias, não possuem propriedades CR. Por outro lado, uma rede secundária contém uma ou mais UDs e pode ou não conter uma estação de base secundária. Para as UDs, o acesso ao espectro é gerido e controlado pela estação de base secundária que funciona como ponto central/ponto de acesso para a rede de UDs. As UDs abaixo do alcance da mesma estação de base conduzem umas com as outras através da estação de base. Se mais do que uma estação base secundária partilhar uma única banda do espectro, então a sua utilização e organização do espectro é feita por um corretor central do espectro. Um conjunto de unidades de transmissão pode também ligar-se entre si e comunicar entre elas sem a presença da estação de base secundária. Este tipo de rede é chamado rede ad-hoc. Internet das coisas (IoT), bem como a rede ad-hoc veicular, são algumas das amostras. Como as UDs não devem causar interferências com as comunicações das UDs, todas as UDs juntamente com as estações-base secundárias são preparadas com as propriedades CR. Assim, cada vez que as UDs detectam a presença de um PU numa banda do espectro, devem parar directamente com essa banda e transmitir para alguma outra banda disponível para evitar interferências com a transmissão de PU. Como se mostra na figura 1.3, a banda de variedade contém tanto bandas aprovadas como não licenciadas. As UPP são aprovadas para utilizar as bandas certificadas, enquanto que as UPP só podem utilizar as bandas licenciadas quando as bandas aprovadas estão inactivas e não estão a ser utilizadas pelo PU. Se um PU começar com a banda licenciada na qual um SU está a comunicar, o SU deve detectar imediatamente a presença de PU e deve parar de comunicar nessa banda e deve passar para alguma banda extra disponível. A informação relativa às bandas disponíveis, bem como às bandas contratadas, é fornecida às UD pela estação base secundária. A estação de base secundária deve tratar da divisão da banda e continuar a coordenação entre todas as unidades de tracção dentro dessa rede. Sempre que um SU detecta a ocorrência de uma PU, envia esta informação à estação base secundária e à estação base secundária informa então todas as outras UDs sobre a presença de PU nessa banda e pede a todas as UDs que desistam dessa banda específica. Se as unidades de depósito forem por meio de uma banda não licenciada, então, as unidades de depósito procedem a um sistema ad-hoc e podem estabelecer entre si sem a estação de base secundária.

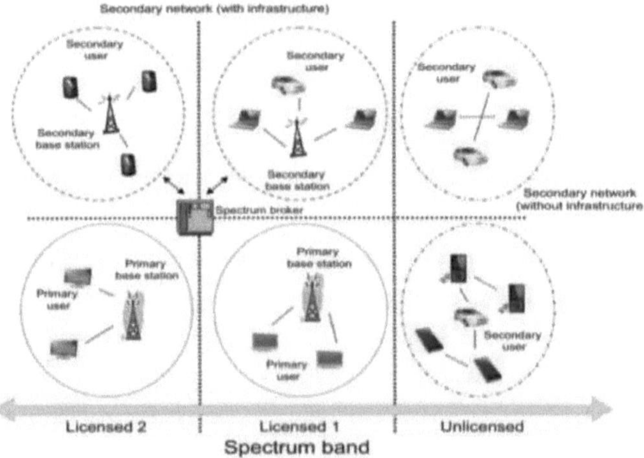

Figura 1.3: Arquitectura Cognitiva de Rádio

1.6 Funcionamento da rádio intelectual

Os utilizadores primários são os clientes que têm o direito de utilizar a peça da variedade. Os clientes secundários podem envolver a banda livre de clientes primários. As porções não utilizadas da variedade de clientes críticos são referidas como aberturas de variedade.

* Detecção do espectro

* Decisão relativa aos furos do espectro

* Partilha do espectro

Os grandes elementos da rádio intelectual são retratados de forma abrangente por debaixo de muito provável que os principais segmentos da ideia da rádio intelectual são a funcionalidade à quantidade, inteligência, dar uma vista de olhos e compreender os limites relacionados com o canal de rádio, acessibilidade de alcance e pressão, tempo de funcionamento do rádio, pré-requisito e aplicações do cliente, proximidade por técnicas e diferentes barreiras de funcionamento.

1.7 Detecção do Espectro

Uma experiência principal em rádio intelectual é que os consumidores secundários querem sentir a presença dos utilizadores principais num espectro aprovado e deixar a banda de frequência tão rapidamente quanto possível se a rádio primária consistente aparecer, a fim de evitar interferir com os utilizadores principais. Este sistema é denominado de detecção de variedade. A detecção e aproximação de variedades é o principal passo para implementar o sistema de Rádio Intelectual.

Podemos classificar sistemas de detecção de variedade em técnica directa, que é considerada como abordagem de domínio de incidência; em qualquer lugar a estimativa é aprovada directamente do sinal e do método indirecto, que é reconhecido como abordagem de domínio temporal, onde a aproximação é implementada com autocorrelação do sinal. A forma alternativa de classificar os sistemas de detecção e estimativa da variedade é através de um grupo de criação em técnica paramétrica construída com modelo e método não paramétrico baseado em periodogramas.

1.8 Detecção do Espectro para Oportunidades de Espectro

a. Detecção do transmissor principal: Neste caso, o reconhecimento dos utilizadores primários é implementado com base no sinal recebido nos utilizadores CR. Este método contém o reconhecimento baseado em filtros combinados (MF), detecção baseada em energia, detecção baseada em covariância, detecção baseada em forma de onda, detecção baseada em ciclos, reconhecimento baseado em credenciais de rádio e detecção baseada em transformação aleatória Hough.

b. Detecção cooperativa e colaborativa: Nesta abordagem, os principais sinais de probabilidade de variedade são detectados constantemente através da cooperação ou colaboração com utilizadores adicionais, e a técnica pode ser executada como acesso centralizado ao espectro correspondente por um servidor de espectro ou abordagem distribuída indirectamente através do algoritmo de achatamento da carga de variedade ou reconhecimento externo.

1.9 Detecção de Interferências por Detecção de Interferência de Espectro

a. Detecção de temperatura interferente: Neste método, o esquema CR funciona como na tecnologia de banda ultra larga (UWB) em qualquer lugar onde existam utilizadores secundários com utilizadores primários e são autorizados a comunicar com baixa potência e são controlados pelo nível de interferência de temperatura de modo a não causar interferências perigosas aos utilizadores primários.

b. Detecção do receptor primário: Nesta técnica, as aberturas de interferência e/ou variedade são detectadas com base na potência local de fuga do oscilador do receptor primário.

CAPÍTULO 2

PESQUISA BIBLIOGRÁFICA

CAPÍTULO 2
PESQUISA BIBLIOGRÁFICA

O espectro é uma reserva útil insuficiente e a próxima variedade permitida será utilizada pelos detentores de variedades. A reutilização do alcance aprovado em método não licenciado é o novo método dos rádios intelectuais. Nenhuma informação anterior é crítica em relação à individualidade do sinal principal do utilizador, uma vez que a detecção de energia é maior, geralmente utilizada dispositivos de detecção de variedade. Mas este esquema de detecção de energia e presunção da existência do utilizador primário na variedade com base num limiar fixo não é uma tarefa simples. Pode levar à perda nas constantes do sinal. Assim, no método existente, o limiar é adaptável, o que é determinado pela modificação do ruído. Estes processos aumentam a probabilidade de detecção, ou seja, o reconhecimento da presença do utilizador principal na variedade, mas esquematizar a energia de todos os sinais recebidos pode levar a um composto computacional e a um tempo de identificação elevado. Assim, no método recomendado, o controlo de todos os sinais recolhidos perto do espectro é melhorado utilizando a técnica de detecção de picos. Este método de optimização reduz a energia pretensiosa devido a dados indesejados ou ruidosos e leva a uma menor utilização de energia. Assim, a detecção de energia para estes dados melhorados é simples com menos período de detecção. Os resultados incertos sugerem que esta detecção de energia baseada na optimização também seria útil para obter 99% de reconhecimento do utilizador primário em variedade com baixo SNR também.

A tecnologia está a crescer de cada vez e a quantidade de consumidores que utilizam a variedade também está a crescer. Então o espectro permitido é parcial e utilizado apenas por utilizadores licenciados. Assim, resta agora oferecer a variedade para todos os utilizadores extra não licenciados na variedade licenciada, sem afectar a interferência através dos utilizadores primários. Agora existe uma técnica para oferecer as necessidades acima referidas, utilizando a apresentação inovadora, ou seja, rádio intelectual. Este método intelecte o espectro utilizando métodos alterados. Para superar os inconvenientes dos sistemas anteriores, o papel de detecção do espectro é realizado utilizando a variedade dinâmica do limiar de base sobre o nível de ruído presente no sinal e também sobre o reconhecimento da energia do sinal. Os resultados da reprodução mostram que este procedimento oferece bons resultados depois de relacionado com os dispositivos mais avançados.

A rádio cognitiva é considerada como uma abordagem inteligente e adaptativa para uma ampla utilização das fontes do espectro. O mecanismo de rádio intelectual com base na detecção do espectro. Enquanto que a detecção do espectro deve ser seguida algumas das considerações. São o espectro não utilizado que deve ser adquirido sem causar interferência com o utilizador principal e o rádio cognitivo deve ser capaz de detectar o espectro tão cedo quanto possível e com maior precisão. Neste documento, sugerimos várias técnicas de detecção do espectro para facilitar o acesso ao espectro. Acreditamos que a detecção de energia é considerada como a abordagem mais adequada ao determinar o ruído no sinal recebido. Há uma hipótese de aumentar o desempenho da detecção se o limiar for seleccionado de forma dinâmica com base neste nível de ruído. Assim, dependendo das técnicas acima referidas, aconselhamos uma forma de experimentar o espectro com base na estimativa do ruído do sinal esperado, através da utilização de um método cego.

No sistema de rádio intelectual, a detecção cooperativa de espectro (CSS) pode recuperar a apresentação de identificação sobre o não aparecimento de um utilizador principal, enquanto o canal de detecção está em simples desvanecimento e sombreamento. Mas, o CSS é delicado para o canal de cobertura do desvanecimento. Neste artigo, um CSS de agrupamento rápido baseado no conhecimento Bayesiano está planeado para expandir a apresentação de identificação sob relatórios de detecção perfeitos e insatisfatórios, bem como para diminuir a perda de taxa e despesas gerais cooperativas. O CSS de clustering é realizado por CSS intra-cluster e CSS intercluster. Um limiar óptimo de detecção para o SFA intra-cluster é alcançado através da redução do custo total Bayesiano. A probabilidade global de falso alarme e a probabilidade de detecção para o CSS intercluster são atingidas pela fusão Bayesiana. É proposto um algoritmo de clustering baseado na aprendizagem de K significa aprendizagem para classificar os nós de detecção e escolher as cabeças de agrupamento. Os resultados da imitação devem mostrar que o futuro CSS de agrupamento torna o CSS moderno sem agrupamento nas características de detecção de apresentação e período de sobrecarga.

Agora, este projecto requer, de que forma a implantação efectiva da variedade de rádio é utilizada principalmente para ajudar ao rápido desenvolvimento de infra-estruturas sem fios. A Rádio Cognitiva (CR) denota um design sem fios que permite a entrada dinâmica da variedade, onde são permitidas estratégias não licenciadas para activar em canais licenciados temporalmente/espacialmente não utilizados. A tarefa principal para a CR é um instrumento de segurança difícil de garantir uma apresentação satisfatória do esquema de Utilizadores Licenciados (LU) em momentos completamente diferentes. Isto requer um método de detecção de variedade fiável para reconhecer com precisão as hipóteses de frequência; e um algoritmo independente de controlo de potência de transferência que se mantém eficaz em ambientes de desvanecimento severo. A cooperação entre estratégias CR para apoiar o procedimento de identificação LU é exposta como um atributo CR imperioso para maximizar a apresentação CR e a utilização espectral completa O Algoritmo Hearsay é um novo procedimento de Controlo de Potência de Transmissão para CRs num sistema cooperativo. Cada nó que procura comunicar tem conhecimento da posição da rede LU através de uma cadeia de outros botões CR, portanto a palavra "Hearsay".

Uma vez que o ambiente varietal é gradualmente mais multifacetado e as estratégias adicionais recuperadas redes de declarações, os procedimentos tradicionais de detecção de variedades não mudaram para um volume excitante de informação varietal. Neste artigo, está planeado um novo sistema cooperativo de detecção de variedade profundo, que se juntou à análise de elementos principais (PCA) através de um algoritmo de agrupamento. Main, uma matriz de características multidimensionais, contendo vectores de energia criados no centro de fusão, é reduzida a uma matriz de dimensões inferiores de acordo com o algoritmo PCA. Consequentemente, um algoritmo de agregação com a técnica K-means++ é utilizado para treinar o classificador pela matriz de menor dimensão. Os resultados da imitação mostram que a disposição sugerida leva uma duração de treino mais curta, cerca de 64% de nenhum processamento PCA quando a potência do utilizador primário é de 400 mW, e assegura a precisão da detecção da variedade dos utilizadores secundários. Mais significativamente, o sistema sugerido, associado com os padrões cooperativos de detecção de variedade dos outros, pode diminuir significativamente a memória de hardware necessária.

Na rádio intelectual baseada em 5G, o sinal de utilizador principal é extra energético devido ao amplo grupo de frequências. A moderna detecção de variedade cooperativa detecta apenas um representante do PU utilizando um único tipo de detector, que pode diminuir a apresentação de detecção quando o PU de banda larga está em canal de desaparecimento grave. Neste padrão, a detecção de variedade cooperativa multi modal é recomendada para escrever uma decisão correcta através da junção de informação de detecção multi modal do sinal PU, tal como energia, espectro de potência, e depois forma de onda do sinal. Cada utilizador secundário (SU) organiza vários tipos de detectores, tais como o detector de energia, o detector espectral e o detector de forma de onda. Os dados de identificação multimodais dos detectores alterados são enviados para um centro de fusão. No centro de fusão, a escolha local é alcançada em relação à fusão Bayesiana; contudo, o especial global é determinado pela fusão DS. O reconhecimento da credibilidade de cada detector pode ser plenamente considerado na fusão DS, a fim de evitar a diferença de apresentação dos diferentes detectores. A fusão de DS de peso é também proposta para recuperar a apresentação da decisão através da diminuição do impacto de detecção de SU maliciosos, ao mesmo tempo que aumenta a quantidade de fusão de SU principais. Os resultados da simulação devem mostrar que a detecção de variedades multimodais de apoio elogiado pode alcançar uma melhor apresentação de detecção no canal de desvanecimento.

Então a largura de banda 5G é muito grande, aqui está uma grande quantidade de espectros não contínuos em mensagem 5G. Neste artigo, temos de prever um espalhador e receptor de um esquema de rádio intelectual de banda larga (CR) baseado em 5G através da detecção cooperativa de variedades, a fim de desenvolver a apresentação da transmissão e evitar a interferência de sinais. Cada consumidor CR resulta na comodidade de receber a resolução da gama de recepção da sub-base através da transformação Inversa Rápida de Fourier (IFFT) com o produto de marcador vectorial de banda e vector de fase aleatória. A detecção cooperativa do espectro pode estar a desenvolver-se de forma consciente através da cascata das funções da sub-base de todos os utilizadores. Várias admissões do método CR são também recomendadas para aceder a muito espectro ocioso não contínuo. Os resultados simulados requerem a oferta de que a estrutura CR sugerida possa evitar a interferência eficiente e ultrapassar claramente o sistema de espectro de gama.

A explosão de variedades alteradas de infra-estruturas sem fios é importante para uma futura fome de variedades. Como resultado, a detecção de variedades requer uma atenção crescente por parte dos gestores, da produção e dos controladores. Neste artigo, um método novo para a detecção cooperativa fornece uma possibilidade avançada de detecção de falhas do que o método baseado no MDC, que autentica a eficiência da detecção cooperativa de espectro de detecção baseada no SFLA modificado, é proposto com base num algoritmo de salto de sapo embaralhado modificado (SFLA). Este método destina-se a fundir os resultados aparentes de vários nós, e a desenvolver a fiabilidade do reconhecimento. As réplicas são utilizadas para igualar a apresentação do SFLA alterado ao SFLA conservador. A apresentação da técnica de detecção cooperativa do espectro sugerida criada no SFLA alterado e a da técnica de detecção cooperativa do espectro utilizando o coeficiente de deflexão alterado (MDC) são semelhantes. Os resultados mostram que a SFLA oferecida supera a SFLA tradicional, e a técnica sugerida de identificação do espectro cooperativo estabelecida no método SFLA alterado.

A detecção de variedades é um dilema imperioso nos sistemas de rádio intelectual. A cooperação entre os muitos utilizadores secundários é utilizada para tornar mais forte o desempenho da detecção de espectro. Neste documento resulta a detecção do espectro através de Rádio Cognitivo (CR) ou Rádio Adaptativo ou Rádio Inteligente para explorar ocorrências vazias para uma implantação espectral extra apropriada. Os objectos de trabalho actuais transmitem os indicadores em vários modos de entrada-multiple-saída (MIMO) utilizando metade das estações de retransmissão duplex de duas posições com uma hiperligação instantânea do ponto de quebra de fonte. As comunicações cooperativas foram recomendadas para explorar as propriedades benéficas da diversidade espacial inerentes aos sistemas sem fios de múltiplos clientes sem a necessidade de uma combinação de antenas em cada um dos nós. Nas condições actuais, os botões de alimentação e de relé permanecem preparados através de várias antenas e o nó terminal é organizado com uma única antena.

Neste projecto envolve em que método a colocação eficiente do alcance do rádio é fundamental para aceitar o rápido crescimento das comunicações sem fios. Neste artigo, a generalidade considera a probabilidade de Rádio Cognitivo (CR) ou Rádio Adaptativo ou Rádio Inteligente para aventuras de frequências vagas, para uma melhor utilização espectral. CR denota uma construção sem fios que permite o acesso ao alcance dinâmico, sempre que seja permitido o controlo de procedimentos não licenciados em redes licenciadas temporalmente/espacialmente não utilizadas. O principal desafio da CR é um dispositivo de segurança robusto para garantir um desempenho adequado do esquema de Utilizadores

Licenciados (LU) em todos os momentos. Isto necessita de uma técnica de detecção de espectro fiável para reconhecer com precisão as hipóteses de frequência; e um algoritmo independente de controlo de potência de transmissão que se mantém eficaz em ambientes de desvanecimento severo. A cooperação entre dispositivos CR para auxiliar o processo de credenciais LU é mostrada como um atributo CR imperioso para explorar a apresentação CR e a utilização espectral geral. A cooperação é particularmente importante para um CR simultâneo com um método LU de pequena cobertura, no qual um mecanismo correcto de detecção LU é a questão predominante de controlo do desempenho do método CR. As penalidades de associações insuficientes de CR são um detector CR separado caro e uma grande condição de partida de CR-LU, produzindo um ganho suboptimizado na utilização espectral. O sucesso da detecção cooperativa depende em grande parte da apresentação do método, das aparências dos canais e da sensibilidade do detector CR. A viabilidade do CR é avaliada através de um CR simulado típico consumindo a apresentação do método CR atingível e as necessidades operacionais consistentes como métricas de apresentação.

CAPÍTULO 3

SISTEMA EXISTENTE

CAPÍTULO 3
SISTEMA EXISTENTE

Uma das melhores fases principais do ciclo intelectual é a detecção da variedade. O objectivo da detecção da variedade é sentir a frequência das transmissões dos principais utilizadores. Principalmente, existem três tipos de detecção de espectro; detecção não cooperativa, detecção cooperativa e detecção baseada em interferências, como mostra a figura 3.1.

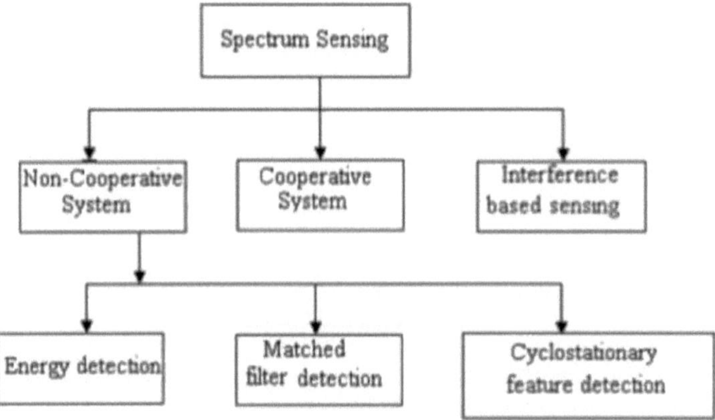

Figura 3.1: Técnicas de Detecção do Espectro.

Neste projecto, somos restritivos apenas à detecção não cooperativa. A figura 3.1 acima mostra a catalogação completa dos métodos de detecção de espectro. Estão amplamente categorizados em três variedades chave, detecção de transmissores ou detecção não cooperativa, detecção cooperativa e detecção baseada em interferências. O sistema de detecção de transmissores é categorizado adicionalmente em detecção de energia, detecção de filtros combinados e detecção de características cíclicas.

3.1 Técnicas de detecção de transmissores primários

3.1.1 Detecção de Energia

É uma técnica de detecção não-coerente que detecta o sinal principal criado na energia detectada. Devido à sua facilidade e não necessidade de informação a priori do sinal primário do consumidor, a detecção de energia (DE) é o melhor sistema de detecção prevalecente na detecção cooperativa.

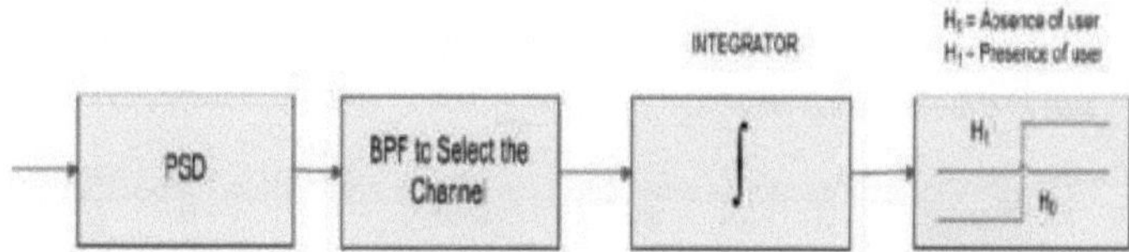

Figura 3.2: Diagrama de blocos do detector de energia

A ilustração do bloco para o sistema de detecção de energia é apresentada na Figura 3.2. Nesta técnica, o sinal é aprovado através do filtro de passagem de banda W e é integrado ao longo do intervalo de tempo. A saída após o bloco integrador é então equiparada a um limiar pré-definido. Esta avaliação é utilizada para descobrir a presença da ausência do utilizador primário. O valor do limiar pode ser definido como fixo ou variável com base nas situações do canal.

Diz-se que o ED é o detector de sinais cego, uma vez que ignora a estrutura do sinal. Ele estima a presença do sinal associando a energia recebida a um limiar v bem conhecido derivado da informação do ruído. Sistematicamente, a detecção do sinal pode ser reduzida a um simples problema de identificação, formalizado como um teste de hipóteses,

$$y(k) = n(k) \cdots\cdots\cdots H_0 \qquad \text{---------}\rightarrow 3.1$$

$$y(k) = h * s(k) + n(k) \cdots\cdots\cdots H_1 \qquad \text{---------}\rightarrow 3.2$$

Onde y (k) é a amostra a ser analisada a cada instante k e n (k) é o ruído de variância o2. Que y (k) seja um arranjo de amostras recebidas k $\in$ {1, 2... N} no detector de sinais, então uma regra de julgamento pode ser especificada como,

$$H_0 \cdots\cdots \text{if } \varepsilon < v \qquad \text{--------}\rightarrow 3.3$$

$$H_1 \cdots\cdots \text{if } \varepsilon > v \qquad \text{--------}\rightarrow 3.4$$

Onde $\varepsilon = E|y(k)|2$ uma energia considerada do sinal recebido e v is é a certeza de ser a variação de ruído σ_2 .

Mas a DE é sempre acompanhada por uma quantidade de inconvenientes

i.   O período de detecção necessário para atingir uma dada probabilidade de detecção pode ser elevado.

ii.   A apresentação da detecção está sujeita à incerteza da potência sonora.

iii.   ED não pode ser utilizado para diferenciar os sinais primários dos sinais CR do consumidor. Como resultado, os utilizadores de CR precisam de ser fortemente coordenados e abster-se das transmissões através de um intervalo chamado Período de Silêncio na detecção cooperativa.

iv.   ED não pode ser utilizado para identificar sinais de espectro alargado.

3.1.2   Filtro Combinado

Figura 3.3: Diagrama de blocos do filtro combinado

A figura 3.3 acima mostra a figura de bloco do filtro combinado. Um filtro combinado (MF) é um filtro linear planeado para explorar a relação sinal/ruído de saída para um dado sinal de entrada. Quando o utilizador secundário tem informação a priori do sinal do utilizador primário, é aplicada a detecção do filtro combinado. O processo de filtro combinado é igual à correlação na qual o sinal não identificado está envolvido com o filtro cuja resposta de impulso é o espelho e o tipo de tempo deslocado de um sinal de referência. O processo de detecção do filtro combinado é transmitido como:

$$Y[n] = \sum_{K=-\infty}^{\infty} h[n-k]x[k] \qquad \text{--------}\rightarrow 3.5$$

Onde quer que 'x' seja o sinal desconhecido (vector) e esteja ligado ao 'h', a resposta de impulso do filtro combinado que é combinado com o sinal do local para a exploração do SNR. A detecção através do consumo do filtro combinado só é valiosa nos casos em que os dados dos utilizadores primários são bem conhecidos dos utilizadores intelectuais.

Benefícios: Requisitos de detecção de filtros combinados menos tempo de detecção, porque necessita apenas de amostras O (1/SNR) para satisfazer uma dada probabilidade de restrição de detecção. Quando os dados do sinal do utilizador primário são reconhecidos ao utilizador de rádio intelectual, a detecção de filtro correspondente é a detecção óptima em ruído Gaussiano estacionário.

Desvantagens: A detecção de filtros combinados requer um conhecimento prévio de cada sinal principal. Se os dados não forem exactos, MF executa mal. Também a melhor desvantagem importante de MF é que um CR precisaria de um receptor dedicado para cada estilo de utilizador principal.

3.1.3 Detecção de características cíclicas

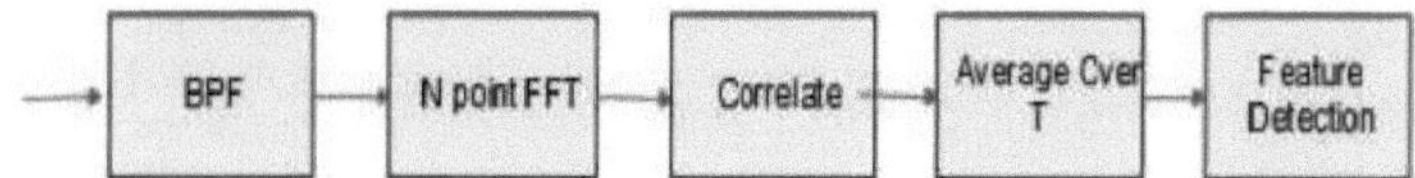

Figura 3.4: Diagrama de blocos do detector de características cíclicas

A figura 3.4 acima mostra o diagrama de blocos do detector de características cíclicas. Explora a periodicidade no sinal primário esperado para identificar a presença de utilizadores primários (PU). A periodicidade é normalmente embutida em transportadores sinusoidais, comboios de impulsos, código de propagação, disposições de saltos ou prefixos cíclicos dos sinais primários. Devido à periodicidade, estes sinais cíclicos exibem as estruturas de estatísticas periódicas e correlação espectral, que não se encontra em ruído estacionário e interferente.

Assim, a detecção de características cíclicas é robusta às incertezas de ruído e implementa uma detecção superior à detecção de energia em regiões de baixo SNR. Embora envolva um conhecimento a priori das aparências dos sinais, a detecção da característica ciclostática é realizada a partir das comunicações CR de várias categorias de sinais PU. Isto elimina o requisito de sincronização da detecção de energia na identificação cooperativa. Além disso, os consumidores de CR podem não ser necessários para manter o silêncio através da detecção cooperativa e assim refinar o rendimento global de CR. Este método tem as suas próprias falhas devido à sua elevada complexidade computacional e ao longo tempo de reconhecimento. Devido a estes assuntos, este método de detecção é menos partilhado do que a detecção de energia na detecção cooperativa.

Quadro 3.1: Comparação das Técnicas de Detecção

Sensing Approach	Advantage	Disadvantage
Matched filter detection	Optimal presentation and low cost	Prior knowledge of PU's signal is compulsory
Energy detection	No prior knowledge required and low cost	Cannot work in low SNR, cannot distinguish main and other secondary users
Cyclostationary detection	Robust in low SNR and interference	Partial data of primary user is essential; high computation cost

➢ Neste trabalho, é proposta a detecção de variedade média baseada em dados para a rádio intelectual. O limiar é calculado e a probabilidade de detecção é considerada através da correspondência deste limiar com os valores da entropia.

➢ A entropia para a modulação 16QAM é considerada e é criada que a entropia decresce à medida que a SNR aumenta.

➤ Os modelos foram concluídos para comprimentos de sinal alterados N= 16,32 para 16QAM.

➤ Depois, finalmente, calcula-se a probabilidade de detecção. Em seguida, o plano de probabilidade de detecção é simulado para vários ideais de SNR.

> Probabilidade de detecção é decente mesmo com um SNR mais baixo para um sistema de identificação do espectro centrado em dados médios.

CAPÍTULO 4
SISTEMA PROPOSTO

CAPÍTULO 4

SISTEMA PROPOSTO

4.1 Técnicas Cooperativas

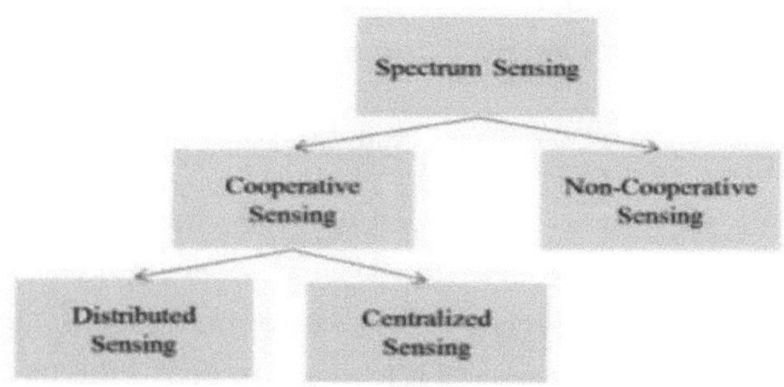

Figura 4.1: Classificação de detecção de espectro

A figura 4.1 acima mostra a catalogação da detecção da variedade. As necessidades de alta sensibilidade do utilizador intelectual podem ser reduzidas se muitos consumidores CR colaborarem na detecção da rede. Várias topologias são actualmente utilizadas e são amplamente classificáveis em três sistemas, permitindo a sua igual colaboração. A figura 4.2 mostra a seguir.

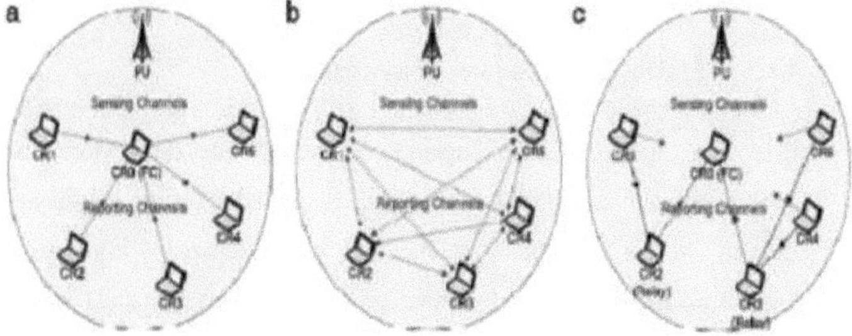

Figura 4.2: Técnicas de detecção cooperativa: a. Coordenada Centralizada, b. Coordenada Descentralizada, e c. Descentralizada Descoordenada.

4.1. 1 Técnicas Descentralizadas Descoordenadas

Os utilizadores intelectuais do sistema não precisam de todo o tipo de colaboração que gera que cada cliente CR identifique individualmente o canal, então se um operador CR sentir o utilizador principal, removeria o canal que quer notificar os outros utilizadores. Métodos descoordenados são imperfeitos em contraste com os sistemas correspondentes. Portanto, os consumidores CR que compreendem a má realização da estação descobrem o canal erroneamente, afectando assim a interferência no receptor principal.

4.1.2 Técnicas Coordenadas Centralizadas

Nessas redes, espera-se uma disposição de subestrutura para os utilizadores de CR. Um CR que detecta a presença de um emissor ou receptor principal notifica um controlo CR que pode ser um dispositivo imóvel com fios ou outro utilizador CR. O supervisor CR informa todos os consumidores CR no seu alcance através de recursos de uma mensagem de controlo de transmissão. Os esquemas centrais podem ainda ser categorizados de forma a permitir o seu nível de cooperação: Parcialmente cooperativos onde os nós da rede colaboram apenas na detecção da rede. Os consumidores CR individualmente detectam a estação e notificam o controlador CR que depois informa todos os utilizadores CR; e esquemas completamente cooperativos em que os nós colaboram na transmissão uns aos outros são dados a acrescentar à identificação cooperativa do canal.

4.1.3 Técnicas Coordenadas Descentralizadas

Este tipo de organização sugere a construção de um sistema de rádios intelectuais sem consumir a necessidade de um controlador. Vários algoritmos devem ser planeados para os métodos descentralizados entre os quais se encontram os algoritmos de conversação ou sistemas de clustering, onde os utilizadores intelectuais se dobram para os clusters, sincronizando-os automaticamente. A detecção cooperativa de variedade levanta a necessidade de um canal de controlo, que pode ser aplicado como uma rede de frequência dedicada ou como uma rede UWB de subpavimentos.

4.2 Técnica de Detecção do Espectro Cooperativo

Na detecção agradável, é concebida uma rede de rádio intelectual. Uma a uma determinam uma preferência sobre a acessibilidade da variedade e oferecem a sua visão umas com as outras. Com os registos de cada um dos centros, um centro focal, então, nesse momento, estabelece-se a acessibilidade do espectro. Uma detecção cooperativa do espectro apresentada na figura abaixo 4.3.

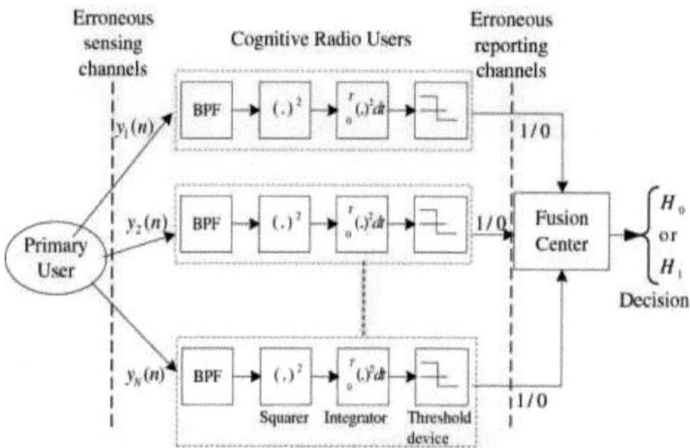

Figura 4.3: Detecção Cooperativa do Espectro

Tal como comunicado com antecedência, continua a ser uma melhoria rápida nas capacidades de comunicação sem fios e, mais cedo ou mais tarde, três tem sido multiplicado por três elementos de pressão em cada um dos espectros de recorrência legal e não legal. Tecnologia a tarefa de alcance fixo será negligenciada para não esquecer os requisitos dos meios de comunicação; a utilização do espectro existente para aberturas como meios de transmissão parece ser uma alternativa distinta adequada. Conforme referido, cada cliente auxiliar tem um mecanismo desenvolvido para adivinhar as agências de recorrência que não estão preocupadas. Em qualquer caso, pode haver um enorme desafio enquanto a quantidade de clientes eletivos é muito elevada. Cada cliente secundário perceberá a ocorrência de espaço branco em várias frequências, como consequência das fases de força únicas que obtêm do cliente primário. Num destes casos, a precisão de um cliente não obrigatório é complexa e precisamos de uma estação focal que possa ser escolhida em relação a qual das capacidades de comutação das estatísticas de recorrência são genuinamente úteis para a descoberta. Este papel é desempenhado pelo centro de fusão, que, dependendo de um cálculo pré-definido, utiliza as consequências dos utilizadores secundários separados e determina as bandas de frequência acessíveis. Além disso, a detecção de faixas úteis refere-se geralmente à compreensão dos vários clientes secundários para utilizar uma recorrência seleccionada. Ao mesmo tempo que a vizinhança agregada distinguiu um espaço branco e transmite isso aos clientes auxiliares, nem todos podem utilizar a frequência para a comunicação de dados num segundo. Pretende-se a colaboração dos diversos clientes opcionais para utilizar as capacidades de transmissão acessíveis em numerosas instâncias e acordar que os outros clientes auxiliares façam uso delas mesmo porque ela própria está inactiva. Finalmente, a colaboração é essencial em qualquer módulo de detecção de variedade.

4.3 Classificação de Espectro Aceitável

A interacção da detecção benéfica começa com a detecção de espectro feita independentemente em cada cliente CR conhecido como detecção local. Para trabalhar com o exame da detecção útil, a detecção cooperativa do espectro em três classificações depende de como os clientes CR colaboram na percentagem de detecção de informação dentro da rede: centralizada disseminada, e hand-off ajudada. Na detecção unificada e agradável, um carácter focal chamado centro de fusão de misturas (FC)2 painéis as três tarefas de detecção útil. Principal, o FC escolhe uma rede de uma banda de recorrência de interesse para a detecção e ensina todos os clientes de CR de bandas a realizar uma após a outra, realizando a detecção de proximidade. 2nd , todos os clientes CR participantes relatam os seus resultados de detecção através do canal de gestão. Em seguida, nesse elemento, a CF consolida os clientes CR que foram fechados pela detecção de informação, decide a presença pf Pus clientes. Na avaliação para somar a detecção benéfica, a detecção consensual circulada não depende de uma CF para seleccionar a escolha consensual. Para este exemplo, os clientes de CR transmitem entre si e convergem para um desejo colectivo acrescentado na presença ou não de Pus pf Pus através de ênfase. Tendo em vista um cálculo de dispersão, cada consumidor CR envia a sua própria informação de detecção a outros clientes, junta os seus factos com os dados de detecção consumidos, e escolhe onde o PU está ou não disponível através da utilização de uma regra de vizinhança. No critério não é cumprido, os clientes de RC mostram as suas consequências combinadas a um cliente de um outro tipo e replicam esta interacção até que o cálculo seja juntado e uma preferência seja alargada.

Para além do reconhecimento cooperativo centralizado e distribuído, o terceiro sistema é o de detecção cooperativa assistida por relé. Então tanto o canal de detecção como o canal de relatório não são perfeitos, um utilizador CR detectando um canal de detecção fraco e uma rede de relatório robusta e um utilizador CR com um canal de reconhecimento duro e um canal de relatório fraco, para amostra, pode acompanhar e cooperar com todos os outros para expandir a apresentação da detecção cooperativa. De facto, quando os resultados da detecção precisam de ser promovidos por vários lúpulos para alcançar o nó de recolha previsto, todos os lúpulos a meio caminho são retransmissores. Assim, se juntos, centralizados e distribuídos estruturados como a detecção cooperativa multi-funções.

4.4 Detecção de Energia

A identificação energética é uma abordagem de detecção de gama que distingue a ocorrência/ausência de um sinal genuinamente com a ajuda de estimar a força do sinal que foi dado. Esta abordagem da identidade do sinal é bastante simples e útil para uma execução a um preço razoável. O identificador de electricidade é o método máximo comumamente aplicado na radiometria. O indicador de electricidade distingue o poder de avaliação dos sinais e sintomas comuns e a ligação e, dentro de algum tempo, deriva o estado de coisas com os sinais críticos. O compromisso é que um lado que aplicámos será atormentado com sucesso por fases difíceis de reconhecer ou de converter, pelo que o identificador de energia pode ser confundido pela existência de qualquer obstrução na - banda. Qualquer outra desvantagem do localizador de electricidade é que são necessárias estatísticas impecáveis de flutuação de clamor. Ao mesmo tempo que há uma vulnerabilidade de comoção, pode haver um elemento SNR abaixo do qual o localizador de força não consegue distinguir de forma fiável qualquer sinal comunicado. Esta desvantagem pode ser vencida através da utilização da avaliação da flutuação da comoção com a precisão que pode querer ser honestamente antecipada. Existem diversos cálculos que podem ser utilizados para avaliar a diferença de comoção, os quais, embora unidos com a informação de entrada do sinal, podem revigorar o sinal até então. O clamor é para que o máximo detalhe avaliado seja "entregue substância White Gaussian Noise" ou AWGN. Três cálculos primários são desejados para este trabalho. São eles, Periodgram, reconhecimento de limiar, e identidade de acessibilidade do canal.

$$s(w) = \frac{1}{N} \left| \sum_{n=1}^{N} x(t)e^{-jwt} \right|^2 \qquad \text{-------}\rightarrow 4.1$$

4.5 Periodograma

A transformação rápida de Fourier (FFT) é uma forma eficaz de mudar o sinal do espaço temporal para a área de recorrência. O Periodograma baseia-se na transformada de Fourier - e frequentemente na transformada rápida de Fourier (FFT), que é uma abordagem eficiente para determinar a transformada Discreta de Fourier. A avaliação entre as duas é que o Periodograma toma a FFT de quantidades de factos igualmente divididas, em oposição a todas as estatísticas de imediato. O cálculo para um Periodograma é dado porque o acompanhante:

$$s(w) = \frac{1}{N} \left| \sum_{n=1}^{N} x(t)e^{-jwt} \right|^2 \qquad \text{--------}\rightarrow 4.2$$

Neste, a prontidão acumulada é relativa à duração das FFT N e o tempo médio(T). O crescimento na duração das FFT expande a recorrência porque isso é benéfico no reconhecimento de indicadores de banda estreita. Além disso, dentro da ocasião em que se diminui o tempo de cálculo da média, aumenta o SNR ao utilizar a redução da electricidade sonora. Na utilização da detecção de alcance, a técnica do Periodograma é inigualável na suavidade da realidade de que se trata de milhas algo no entanto uma flutuação avançada para a disposição dos registos estatísticos. O Periodograma irá, para o elemento máximo, produzir um diagrama mais suave e capacita a estrutura a compreender e mostrar sinais na ocorrência de ruído.

4.6 Processo de Detecção de Energia

A interacção da detecção de energia pode ser brevemente retratada como se segue:

- O intervalo de recorrência sobre o qual o cliente secundário deve transmitir é seleccionado (r1-r2)

- A variedade é verificada para descobrir quaisquer aberturas na gama especificada

- A detecção de energia é executada a cada recorrência dentro do alcance através da utilização de um Periodograma, tal como mencionado em

- A métrica de escolha é decidida a partir do sinal "were given signal

- A medida de escolha é contrastada e um limiar decidido em função das oportunidades de descoberta e falso alarme, para voltar a ter origem numa decisão se o PU existe ou não.

A selecção do localizador de energia é baseada na indução mensurável de uma ideia com reconhecimento à excelência de um sinal. A equação abaixo consiste nas hipóteses definidas. Então, a essa coisa foi dado sinal-'RS' pode ser tanto apenas ruído w(N) ou sinal composto com ruído(S(n)+w(n)).

$$RS(n) = \{_{w(n)+s(n)}^{w(n)} \qquad \text{--------}\rightarrow 4.3$$

Após a recepção do sinal (RS) no cliente secundário, cada cliente auxiliar calcula a métrica de selecção (M) em função da qual é escolhida a ocorrência do operador principal. A situação para se deparar com a métrica de selecção é a que se apresenta por baixo.

$$M = \sum_{n=0}^{N} \left| RS(n) \right|^2 \qquad \text{--------}\rightarrow 4.4$$

Onde quer que 'N' seja o vector de observação. A execução do identificador energético pode ser avaliada recorrendo a duas possibilidades: probabilidade de detecção Pd e depois possibilidade de falso alarme Pf. A hipótese de região é seleccionar a Presença de um consumidor importante enquanto este estiver de facto presente. Em caso de conflito, a Pf é escolher a ocorrência de PU enquanto esta já não estiver praticamente presente. Pode muito bem ser considerado como,

$$Pd = (M > \frac{\lambda}{H1}) \qquad \text{---------}\rightarrow 4.5$$

$$Pf = \left(M > \frac{\lambda}{H0} \right) \qquad \text{--------}\rightarrow 4.6$$

Onde 'λ' é o limiar de decisão que pode ser nomeado para encontrar o equilíbrio óptimo Pd e Pf A sua hipótese de que os sinais estão ausentes. H1 é a ideia de que os sinais estão disponíveis. Com a ajuda de colocar uma hipótese perfeita de falso alarme e de verificar a distinção de um conjunto informativo, a estrutura unifica um limite de ruído e tinha sido dada força de sinal. Pensando no facto de que é difícil avaliar a potência do sinal recebido porque se ajusta em função dos atributos de transmissão e da distância entre a rádio intelectual e o cliente importante. Em última análise, os factos sobre a avaliação da potência sonora são suficientes para a escolha de restrição. Cada SU mede a sua força e contrastes e área local. Tinha sido dada força de sinal de cada SU diferente dependendo da sua separação do transmissor primário.

4.7 Quadro de Detecção Cooperativa do Espectro & Elementos

A forma de detecção benéfica contém do Pus, coordenando clientes CR incluindo um FC, cada um dos componentes de detecção agradável, o RF se juntamente com os canais permitidos e manipular os canais, e uma base de informação discricionária de alguma distância fora da base de informação. Existem outras partes primárias que podem ser vitais para uma detecção agradável, as quais podem ser essenciais para a interacção da detecção cooperativa. Estas abrangem:

- As modas de cooperação consideram no pensamento a demonstração da forma como os clientes CR participam para levar a cabo a detecção. Lembramo-nos da combinação máxima e famosa de modas comunitárias idênticas e de modas hipotéticas de jogo criadas recentemente.

- As estratégias de detecção são levadas a cabo para descobrir o tempo RF, fazendo verificações de observação, e utilizando procedimentos de preparação do sinal para detectar o sinal PU ou a variedade alcançável. O desejo do método de detecção tem influência na forma como os clientes CR colaboram com todos os outros.

  - Hipótese desafiante é um exame mensurável para definir a presença ou não presença de um PU. Este exame pode ser realizado independentemente com o recurso de cada cliente participante para escolhas locais ou realizado utilizando a utilização da rede de mistura para um desejo agradável.

  - Gerir o canal e revelar preocupações sobre como as consequências detectadas foram dadas através dos clientes CR participantes podem ser respondidas de forma proficiente e fiável à região combinada ou transmitidas a clientes CR extraordinários através da estação de gestão de largura de banda limitada e de fraca sensibilidade.

  - A fusão de dados é o caminho na direcção da consolidação dos efeitos de detecção acrescentados ou partilhados para decidir sobre a escolha acordada [7]. Criados sobre o seu tipo de factos, os resultados de detecção podem ser unidos através de métodos de consolidação de sinais ou instruções de fusão de decisões.

  - A força de vontade do utilizador gere uma forma de escolher de preferência os clientes CR colaboradores e determinar a participação correcta afectar/alcançar para alargar o aumento da cooperativa e restringir a colaboração directamente acima referida.

- A base de informação armazena as estatísticas, bem como trabalha com o ciclo de detecção agradável para recuperar a execução da identificação. As estatísticas dentro da base de factos ou são informações a priori ou as informações acumuladas através do envolvimento.

No nosso projecto, simulámos a parte de detecção do espectro e de tomada de decisão sobre o buraco do espectro. O nó CR separado pode não dar resultados de detecção legal devido a sombras e dificuldades secretas e incuráveis da rede de comunicação sem fios. Como resultado, para afectar estas dificuldades, é proposto um dispositivo adicional durante este papel de rádio intelectual cooperativo baseado na detecção do espectro para comunicação 5G. No sistema de detecção cooperativa de espectro (CSS), cada CR irá intelectir separadamente o espectro e depois deslocar a sua escolha para um nó central, além disso referido como centro de fusão (CF). Usando a probabilidade de detecção falhada (Pmd) e a probabilidade de falso alarme (Pfa) para reconhecer se a detecção de espectro é suficiente ou não, melhorar o desempenho usando Pfa. O resultado da simulação mostra o desempenho mais elevado em comparação com a não cooperação.

CAPÍTULO 5

RESULTADOS & DISCUSSÕES

CAPÍTULO 5

RESULTADOS & DISCUSSÕES

5.1 Simulação de Redes de Rádio Cognitivas

Actualmente, a demonstração e reprodução é o paradigma simples que permite a actividade de desempenho complicado nas situações dos sistemas de rádio intelectual. Emuladores de rede como OPNET, MATLAB, NET Sim e NS2 podem ser utilizados para simular um sistema de rádio intelectual. Áreas de exame que fazem uso de sistemas de teste de rede contêm

a) Sensoriamento de Variedade

b) Partilha de Espectro

c) Dimensão e exibição do procedimento Spectrum

No nosso projecto, simulámos o espectro da empresa de rádio intelectual detectando a utilização do MATLAB. Realizámos a técnica de "Detecção Cooperativa de Espectro", na qual hubs singulares utilizam "Detecção de Energia" para visitar uma preferência de bairro aproximadamente a presença do utilizador primário (PU). Tendo em conta as alternativas próximas, o local de Fusão vai para uma última escolha sobre a Ocorrência do utilizador principal.

Um emissor-receptor de rádio cognitivo é considerado para utilizar as principais redes sem fios da sua área. É um rádio intelectual que pode ser automatizado e arranjado como um rádio que espontaneamente coloca canais acessíveis no espectro sem fios. Modifica como resultado as suas restrições de comunicação ou recepção para permitir comunicações sem fios extra concorrentes numa dada faixa de variedade numa dada posição. Um CR "mostra constantemente a sua apresentação individual", ao adicionar à "leitura das saídas do rádio"; depois utiliza estes dados para "regular o ambiente RF, situações de canal, desempenho da ligação, etc.", e ajusta as "definições do rádio para fornecer a qualidade de serviço necessária, sujeito a uma combinação apropriada de necessidades do utilizador, restrições operacionais, e restrições regulamentares". O rádio cognitivo é considerado como um objectivo para o qual uma plataforma de rádio definida por software deve mudar: um transceptor sem fios inteiramente reconfigurável que adapta automaticamente os seus parâmetros de comunicação às dificuldades da rede e do utilizador. As disposições regulamentares tradicionais devem estar lá construídas para que um terreno em modo analógico não seja optimizado para a rádio intelectual. Os organismos reguladores nas campanhas de dimensão independente, bem como nas campanhas de dimensão independente alteradas, descobriram que o melhor espectro de radiofrequências era incompetentemente utilizado. As bandas de rede celular estão sobrecarregadas na maior parte do mundo, mas outras bandas de frequência (tais como frequências militares, radioamadores e de paging) não são suficientemente utilizadas. Leituras independentes realizadas em certos países completam essa afirmação, e decidem as semis.

A quota de espectro fixo impede a utilização de frequências raramente utilizadas. Os organismos reguladores no mundo devem estar presentes para permitir ou não utilizadores não licenciados em bandas licenciadas, caso não afectem qualquer interferência nos utilizadores autorizados. Estas criatividades têm absorvido a investigação cognitivo-radio sobre o acesso dinâmico ao espectro. Os utilizadores primários são os utilizadores que têm o direito de utilizar a parte do espectro. Os utilizadores secundários podem ocupar a banda livre dos utilizadores primários. Estas partes não utilizadas do espectro de utilizadores primários são conhecidas como buracos no espectro. Um dos melhores módulos chave da ideia de rádio intelectual é a capacidade de quantidade, sentido, aprendizagem e consciência das limitações associadas ao canal de rádio, acessibilidade do alcance e controlo, atmosfera de funcionamento da rádio, necessidade e apresentações do operador, políticas locais e outras limitações operacionais. No nosso projecto, simulámos a parte de detecção do espectro e de tomada de decisão de todo o espectro.

A detecção de energia é um método de detecção de variedade que detecta a presença/não presença de um sinal apenas através da determinação da potência de sinal esperada. Este método de reconhecimento de sinal é bastante fácil e adequado para a execução aplicada. O detector de energia é o melhor sistema extensivamente utilizado em radiometria. O detector de energia nota a energia dos sinais recebidos para associar ao limiar e depois deduzir o estado dos sinais primários. O inconveniente é que um limiar que utilizámos será simplesmente predisposto por fases não identificadas ou alteradas do nariz, pelo que o detector de energia será desordenado pela ocorrência de qualquer interferência na - banda.

O inconveniente adicional do detector de energia é que um facto de variação de ruído perfeito é obrigatório. Embora exista improbabilidade de ruído, existe um limiar de SNR abaixo do qual o detector de energia não pode detectar de forma fiável qualquer sinal comunicado. No gráfico abaixo (figura 5.1) mostra a técnica de detecção de energia Pd em relação à SNR.

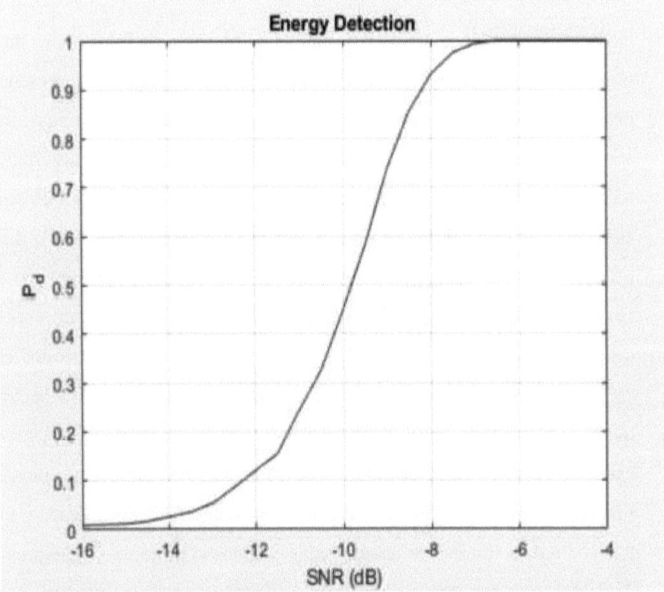

Figura 5.1:Técnica de Detecção de Energia Pd com respeito a SNR

5.2 Saídas

Para alcançar uma maior fiabilidade na detecção, a cooperação é obrigatória entre vários utilizadores em várias posições, o que resulta em diferentes acordos de identificação cooperativa. É utilizado um canal de controlo distinto para a coordenação, pelo que uma política de cooperação bem sucedida é capaz de, através de uma largura de banda estreita e uma pequena potência para a troca de resultados de detecção local, ao mesmo tempo que aumenta a fiabilidade da detecção. Se um conjunto de receptores se indulgencia com os seus factos experimentais livremente e transmite as suas decisões a um utilizador específico, o que determina uma decisão final denotada como decisão de fusão. Os acordos de fusão de decisão são categorizados como união dura e união suave. Na fusão dura, cada sensor toma a sua decisão individual, e direcciona um único dígito binário para o centro de fusão. Em seguida, estas decisões duras são unidas a uma decisão partilhada pelo centro de fusão por várias instruções de união, tais como Lógica E, Lógica OU. No nosso projecto utilizando a detecção cooperativa com AND sob AWGN. Estamos a actuar na detecção cooperativa de variedade centralizada, na qual cada rádio intelectual irá intelectir a variedade distintamente e depois as suas escolhas distintas são afixadas ao receptor comum. Podemos dizer que AND lógica de fusão dá uma apresentação global da identificação do espectro cooperativo é melhorada do que a detecção de variedade não cooperativa.

No gráfico abaixo (figura 5.2) a probabilidade de detecção falhada em relação ao falso alarme foi analisada com um nó como n=5 e n=10 e comparada com o resultado simulado. Como mostrado na figura, a probabilidade de detecção falhada reduz-se gradualmente com o crescimento da probabilidade de falso alarme. Mas a probabilidade de detecção falhada de simulação é zero com o aumento da probabilidade de falso alarme. Indica que a detecção cooperativa está a minimizar a probabilidade de detecção falhada. Isto inclui a identificação fiável, rápida e robusta, possivelmente fraca, de sinais primários do utilizador. Melhora o desempenho utilizando o pfa. Este gráfico reduz gradualmente 0 a 1, pfa não aumentando mais de 1. É utilizado para identificar se a detecção do espectro é suficiente ou não.

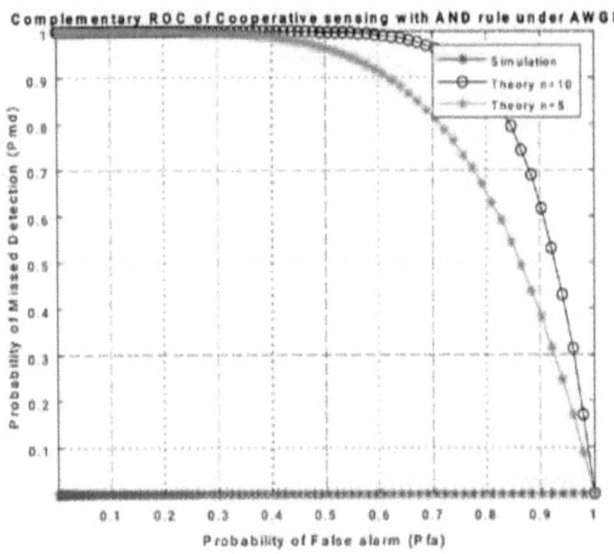

Figura 5.2: Probabilidade de Detecção de Falta de Detecção relativamente a Falso alarme

CAPÍTULO 6
CONCLUSÕES& ÂMBITO FUTURO

CAPÍTULO 6
CONCLUSÕES & ÂMBITO FUTURO

6.1 Conclusões

Neste projecto, foi sugerida a detecção cooperativa do espectro construída sobre a rádio intelectual para tornar a detecção do espectro e a tomada de decisões sobre todo o espectro parte integrante. A detecção de variedade é o passo principal na rádio intelectual em que a rádio sem fios varre uma secção do espectro de frequências em busca de qualquer sinal energético. A detecção do espectro é uma parte crucial do conhecimento da rádio intelectual que inclui, Encontrar buracos no espectro e Detectar a interferência na transmissão do utilizador principal e desocupar rapidamente a frequência. Isto inclui a detecção fiável, rápida e robusta, talvez fraca, dos sinais principais do utilizador.

6.2 Aplicações

- Internet das coisas (IOT) e mensagem máquina a máquina (M2M).

- Cuidados de saúde, bem como aplicações médicas.

- Redes de emergência: segurança pública e organização de catástrofes.

- Aplicações de soldado.

6.3 Vantagens

- Alta precisão

- Redução do período de detecção

- Sem problemas de ocultação e sombra

- O tempo necessário para a detecção do sinal primário pode ser reduzido

- A fiabilidade da informação de detecção é aumentada

6.4 Âmbito futuro

No futuro, podemos ainda incluir uma detecção multi-modal cooperativa de variedade que continua a ser utilizada para seleccionar a presença do PU em busca de registos de reconhecimento multi-modal do sinal PU, tais como energia, variedade de controlo e forma de onda de sinal. No centro de fusão, cada combinador tipifica uma decisão local sobre a fusão da informação de reconhecimento de detectores semelhantes com a fusão Bayesiana, e a informação multimodal de todos os combinadores são finalmente fundidos pela fusão DS para receber a decisão global. Sugere-se também uma fusão de DS de peso para recuperar a apresentação de escolha, atacando o reconhecimento impreciso de SU maldosos. Temos as hipóteses de sucesso:

• A detecção da variedade cooperativa multimodal pode assegurar a detecção da apresentação no canal de desvanecimento sobre a fusão dos factos multimodais e permitir a alteração das individualidades actuais do PU.

• A maior percentagem de fusão é atribuída ao SU mais próximo do PU com um BPA complexo, o que exige que a fiabilidade detectada seja completamente medida na fusão do DS.

• A fusão multimodal DS e considerada fusão multimodal DS pode ter sucesso na probabilidade de reconhecimento avançado, uma vez que muitos tipos de dados de detecção juntamente com energia, variedade de potência e forma de onda de sinal são unidos para aumentar a expressão de reconhecimento completo.

REFERÊNCIAS:

[1]	SaiSuneel A, Dr. S. Shiyamala, 2020. Detecção de pico baseado na detecção de energia de um espectro sob ambiente de ruído de rayleigh fading. Journal of Ambient Intelligence and Humanized Computing, Volume 12, Número 3, pp. 4237-4245.

[2]	SaiSuneel A, Dr. S. Shiyamala, 2019. Selecção Dinâmica do Limiar através da Variação do Ruído para Sensoriamento do Espectro. International Journal of Engineering and Advanced Technology, Volume 8, Edição 3S, pp 230-234.

[3]	SaiSuneel A, Dr. S. Shiyamala, 2019. A Novel Energy Detection of Spectrum based on Noise Measurement a Review.Journal of Advanced Research in Dynamical and Control Systems, Volume 11, Edição 1S, pp. 870-873.

[4]	Liu, X., Zhang, X., Ding, H. e Peng, B., 2019. Detecção inteligente do espectro cooperativo de agrupamento baseado na aprendizagem Bayesiana para rede de rádio cognitiva. Ad Hoc Networks, 94, p.101968.

[5]	SaiSuneel A, Dr. S. Shiyamala, 2018. Investigação de Viabilidade em Sistemas de Redes de Rádio Cognitivas: Algoritmo do Diz-se "Hearsay". Em Proceedings of the 2018 International Conference on Computing, Communications and Data Engineering (pp. 1-5).

[6]	Yang, D., Tao, Y., Cui, C. e Zhang, L., 2018, Outubro. Sensoriamento Cooperativo de Espectro Profundo Baseado na Redução de Dimensões e Algoritmo de Aglomeração em Redes Cognitivas de Rádio. In Proceedings of the 2018 International Conference on Cloud Computing and Internet of Things (pp. 73-79).

[7]   Liu, X., Jia, M., Na, Z., Lu, W. e Li, F., 2017. Detecção do espectro cooperativo multimodal baseado na fusão dempster-shafer em rádio cognitivo baseado em 5G. IEEE Access, 6, pp.199-208.

[8]   Liu, X., He, D. e Jia, M., 2017. Concepção de sistema de rádio cognitivo de banda larga de 5G com detecção cooperativa de espectro. Comunicação Física, 25, pp.539-545.

[9]   Tong, X., Ji, Y., Lin, J., Zhu, J., Sun, F., Zhong, Y., Yang, Y. e Zhu, X., 2017. Detecção cooperativa do espectro com base num algoritmo de salto de sapo baralhado modificado em rede 5G. Comunicação física, 25, pp.438444.

[10]   SaiSuneel A, K. Prasanthi, 2016. Técnica de Comunicação Cooperativa de Múltipla Entrada de Múltipla Saída usando para Sensoriamento de Espectro em Rede Cognitiva de Rádio. Em Actas da Conferência Internacional de 2016 sobre Processamento de Sinal, Comunicação, Energia e Sistemas Incorporados (pp. 2052-2063).

[11]   SaiSuneel A, Dr. Raj Rai Mishra, 2014. Extensive Investigation and Research on Cognitive Radio Networks.International Journal of Industrial Electronics and Engineering, Volume 2, Número 5, pp. 59-68.

APÊNDICE-A

CÓDIGO DE PROGRAMAÇÃO

```matlab
clear all;
close all;
clc
u=1000;%time bandwidth factor
N=2*u;%samples
a=2;%path loss exponent
C=2;%constant losses
Crs=10; %Number of cognitive radio users
PdAnd=0;
%-----------Pfa------------%
Pf=0.01:0.01:1;
Pfa=Pf.^2;
%---------signal-----%
t=1:N;
s1 = cos(pi*t);
stem(t,s1)
s1power=var(s1);

%-------- SNR ----------%
% Snrdb=-15:1:15;
Snrdb=15;
Snreal=power(10,Snrdb/10);%Linear Snr

% while Snrdb<15%
  lamda=ones(1,100);
for i=1:length(Pfa)
lamda(i)=gammaincinv(1-Pfa(i),u)*2;  %theshold
% lamdadB=10*log10(lamda);
%--------Local spectrum sensing---------%
d=ones(1,10);
for j=1:Crs %for each node
detect=0;
d(j)=7+1.1*rand(); %random distanse
PL=C*(d(j)^-a); %path loss

for sim=1:10%Monte Carlo Simulation for 100 noise
realisation
noise = randn(1,N); %Noise production with zero
mean and s^2 var
noise_power = mean(noise.^2); %noise average power
amp = sqrt(noise.^2*Snreal);
s1=amp.*s1./abs(s1);
% SNRdB_Sample=10*log10(s1.^2./(noise.^2));
```

```matlab
Rec_signal=s1+noise;%received signal
localSNR=ones(1,10);
localSNR(j)=mean(abs(s1).^2)*PL/noise_power;%local
snr
pdth=cell(10,100);
pdth{1,100}=1:100;
pdth{10,10}='string';
Pdth(j,i)=marcumq(sqrt(2*localSNR(j)),sqrt(lamda(i
)),u);%Pd for j node

%Computation of Test statistic for energy
detection
Sum=abs(Rec_signal).^2*PL;
Test=ones(1,10);
Test(j,sim)=sum(Sum)
if (Test(j,sim)>lamda(i))
detect=detect+1;
end
end %END Monte Carlo
Pdsim=ones(1,10);
Pdsim(j)=detect/sim; %Pd of simulation for the j-
th CRuser
end
PdAND=ones(1,100);
PdAND(i)=prod(Pdsim);
PdOR=ones(1,100);
PdOR(i)=1-prod(1-Pdsim);
end
PdAND5=(Pdth(5,:)).^5;
Pmd5=1-PdAND5;
PdANDth=(Pdth(Crs,:)).^Crs;
PmdANDth=1-PdANDth; %Probability of miss detection
Pmdsim=1-PdAND;
figure(1);
plot(Pfa,Pmdsim,'r-*',Pfa,PmdANDth,'k-
o',Pfa,Pmd5,'g-*');
title('Complementary ROC of Cooperative sensing
with AND rule under AWGN');
grid on
axis([0.0001,1,0.0001,1]);
xlabel('Probability of False alarm (Pfa)');
ylabel('Probability of Missed Detection (Pmd)');
legend('Simulation','Theory n=10','Theory n=5')
```